Sven-David Müller

Carnitin in der Ernährungstherapie

Der Stellenwert von L-Carnitin in der Ernährungstherapie und Diätetik

GRIN Verlag

Bibliografische Information der Deutschen Nationalbibliothek:

Die Deutsche Bibliothek verzeichnet diese Publikation in der Deutschen National-
bibliografie; detaillierte bibliografische Daten sind im Internet über http://dnb.d-
nb.de/ abrufbar.

Impressum:

Copyright © 2010 GRIN Verlag GmbH
Druck und Bindung: Books on Demand GmbH, Norderstedt Germany
ISBN: 978-3-640-70910-6

Dieses Buch bei GRIN:

http://www.grin.com/de/e-book/158142/carnitin-in-der-ernaehrungstherapie

Carnitin in der Ernährungstherapie und der Ernährungsmedizin

Einführung: Im Jahre 1905 entdeckten die russischen Forscher V.S. Gulewitsch und R. Krimberg eine Substanz in Muskelfleisch von Säugetieren, die für die Funktion der Muskeln unbedingt notwendig ist. Sie benannten den Substanz "Carnitin", abgeleitet von der lateinischen Bezeichnung "Carnis" (= Fleisch). Der Wissenschaftler G. Fraenkel fand in seinen Studien im Jahre 1952 heraus, dass L-Carnitin für Mehlwürmer eine lebensnotwendige Funktion hat. Er betrachtete L-Carnitin als Vitamin der B-Gruppe und gab ihm daher den Namen "Vitamin BT". Diese Bezeichnung ist jedoch veraltet. In der EU-Richtlinie für "particular nutrients" wird L-Carnitin erwähnt und damit nicht als Vitamin, sondern als Nährstoff angesehen. L-Carnitin kann vom Körper aus den Aminosäuren Lysin und Methionin selbst in geringer Menge gebildet werden. Die Eigensynthese ist von einer ausreichenden Verfügbarkeit der Vitamine B_6 und C, sowie von Eisen abhängig. Die Eigensynthese ist sehr träge und nicht in der Lage, Verluste oder einen erhöhten Carnitinbedarf schnell auszugleichen, so daß eine gewisse Abhängigkeit von der exogenen L-Carnitinzufuhr, z. B. durch die Fleischnahrung besteht. Fettsäuren müssen, um an den Ort ihrer Verbrennung (mitochondrialer Matrixraum) zu gelangen, eine Verbindung mit L-Carnitin eingehen, um über die Mitochondrien-Membran transportiert werden zu können. Es ist daher leicht verständlich, daß sich L-Carnitin-Mangelzustände auf die Energiegewinnung aus Fettsäuren von vor allem Leber, Skelett- und Herzmuskulatur auswirken müssen. Die Leber ist energetisch ausschließlich auf die Fettsäureoxidation angewiesen, deren Störung sich vor allem auf die Glukoneogenese, also auf die Zuckerbildung aus Aminosäuren, auswirkt. 98 % des Gesamtkörpercarnitinpools ist in der Muskulatur lokalisiert. Innerhalb der Muskulatur muß zwischen Typ I- und Typ II-Fasern unterschieden werden. Typ I-Fasern sind zu Ausdauerarbeit, wie z.B. Langstreckenlauf im Sport, befähigt und beziehen ihre Energie vor allem aus Fettsäuren. Typ II-Fasern dagegen vermitteln schnelle Bewegungen, wie z.B. Sprint im Sport; sie sind energetisch von der Kohlenhydratverbrennung abhängig. Muskuläre Anstrengungen führen zu einer verminderten Verfügbarkeit von freiem L-Carnitin und somit zu einer Einschränkung der muskulären Leistungsfähigkeit.

L-Carnitin

D-Carnitin

Chemisch handelt es sich bei L-Carnitin um die Substanz ß-Hydroxy-g-N-Trimethylaminobutyrat. Es kann in zwei unterschiedlichen Formen (Stereoisomere) auftreten, die sich zueinander wie Spiegelbilder verhalten. Sie werden als D- und L-Carnitin bezeichnet. Nur die L-Form kommt in der Natur vor und übernimmt wichtige Funktionen im Organismus, D-Carnitin dagegen ist gesundheitsschädigend. Bei der chemischen Herstellung von Carnitin entsteht ein Gemisch aus D- und L-Form. Bei der biotechnischen Herstellung durch Bakterien entsteht dagegen nur L-Carnitin. Säugetiere und somit auch der Mensch können L-Carnitin aus den beiden Aminosäuren L-Lysin und L-Methionin bilden. Täglich produziert der Organismus etwa 16 Milligramm L-Carnitin. Als Hilfsstoffe bei dieser Synthese werden die Wirkstoffe Vitamin C, B6, B12, Niacin, Folsäure, Eisen sowie verschiedene Enzyme benötigt. Ein Mangel eines einzigen dieser Stoffe kann zu einer eingeschränkten Produktion führen. Zusätzlich nimmt der Mensch L-Carnitin mit der Nahrung auf.

Funktionen von L-Carnitin: Die am längsten bekannte Funktion von L-Carnitin ist seine besondere Rolle im Fettstoffwechsel. Um aus Triglyzeriden Energie gewinnen zu können, müssen deren Fettsäuren in die Mitochondrien transportiert werden.

Diese Organellen im Inneren der Zelle können auch als "Kraftwerke der Zelle" bezeichnet werden. Hier werden die Fettsäuren über die ß-Oxidation abgebaut, wobei Energie entsteht. Langkettige Fettsäuren können jedoch die Hülle der Mitochondrien nicht allein durchdringen. Sie brauchen hierfür einen "Träger". Diese Rolle übernimmt L-Carnitin: Es heftet sich an die Fettsäuren und schleust sie in die Mitochondrien. L-Carnitin ist daher eine Schlüsselsubstanz für die Fettverbrennung. Bei Carnitin-Mangel können weniger Fettsäuren in die Muskelzellen transportiert werden. Neben seiner Rolle in der Energiegewinnung ist L-Carnitin an vielen weiteren biochemischen Prozessen im Organismus direkt oder indirekt beteiligt. In konzentrierter Form zugeführt verbessert L-Carnitin die Blutfettwerte, wirkt sich bei koronaren Herzkrankheiten günstig auf die Herzfunktion aus, steigert die Insulinsensitivität, wirkt immunstimulierend und reduziert oxidativen Stress. Im Zusammenhang mit einer kalorienreduzierten Diätkostform und sportlicher Aktivität kann die erhöhte Zufuhr von L-Carnitin die Reduktion des Körpergewichts, genauer der Körperfettmasse, verbessern. Studien haben gezeigt, dass L-Carnitingaben auch den Umbau der Körperkompartimente unterstützen, indem der Körperfettanteil reduziert wird, während gleichzeitig die Muskelmasse erhalten bleibt und deren Neubildung angeregt wird.

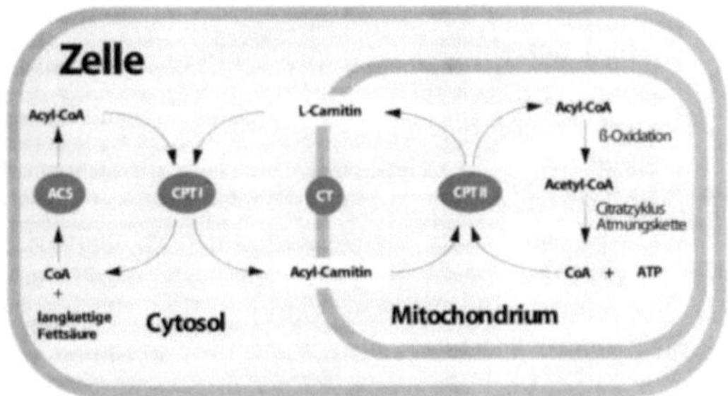

Funktion von L-Carnitin bei der Fettverbrennung

Was führt zu einem Carnitinmangel? Bei Kindern wird L-Carnitin als semiessenzieller Nährstoff diskutiert, bei Frühgeborenen mit unzureichender Syntheseleistung kann die Supplementation erforderlich sein. Muttermilch enthält mit 1 mg/100 ml nur wenig Carnitin. L-Carnitin ist wasserlöslich und wird über den Urin ausgeschieden. Ein Carnitin-Mangel tritt in erster Linie bei Defekten der Carnitin-Synthese, einigen Stoffwechselstörungen sowie Nierenerkrankungen und Hämodialyse auf. Neuere Studien zeigen, dass während der Schwangerschaft und bei Ausdauersport die L-Carnitin-Spiegel im Blut deutlich absinken können. <u>Primärer L-Carnitinmangel</u>: Carnitinmangel kann sich somit, wie es aus der angeborenen Form der Erkrankung bekannt ist, durch Hypoglykämie-Symptome bemerkbar machen. Aus den angeborenen Störungen des Intermediärstoffwechsels der Aminosäuren, der vor allem in der Leber als zentralem Organ abläuft, ist bekannt, daß bei einem vermehrten Anfall von organischen Säuren aus diesen Stoffwechselreaktionen eine vermehrte Bindung an L-Carnitin erfolgt. <u>Sekundärer L-Carnitin-Mangel</u>: Hierdurch entsteht eine Form des L-Carnitinverbrauches, der sekundärer Carnitinmangel genannt wird. Diese Form des Mangels ist weniger durch eine Verminderung der Gesamtcarnitinkonzentration als vielmehr durch eine verminderte Verfügbarkeit von freiem L-Carnitin ausgezeichnet. Diese Situation kann auch durch Medikamente, wie zum Beispiel durch das Antikonvulsivum Valproinsäure, verursacht werden.

L-Carnitin – Physiologische Aspekte: Wegen seiner wichtigen Aufgabe in der Fettverbrennung kommt Carnitin praktisch in jeder menschlichen Körperzelle vor. L-Carnitin ist in der Nahrung besonders in Fleisch, Fisch, Milch und Käse enthalten (siehe Tabelle 1). Es ist hitzestabil und wird erst bei hohen Temperaturen über 100 ℃ langsam zerstört. Wegen seiner guten Wasserlösli chkeit geht es jedoch ins Kochwasser über. Mit einer gemischten Kost nimmt ein erwachsener Mensch täglich zwischen 100 und 300 Milligramm L-Carnitin auf. Dabei schwankt die tägliche Aufnahme vor allem in Abhängigkeit von Art und Menge des konsumierten Fleisches zwischen 0 und 1.000 Milligramm. Vegetarier dagegen nehmen viel weniger L-Carnitin mit der Nahrung auf und verfügen über signifikant erniedrigte L-Carnitin-Plasmaspiegel. Vegetarische Kost und extremer Ausdauersport führten zu einem starken Absinken des L-Carnitinspiegels im Blut. Anhand der unten aufgeführten Tabelle, die die neueste und bisher umfangreichste Zusammenstellung über den L-Carnitin-Gehalt von Lebensmitteln darstellt, wird deutlich, dass pflanzliche Kost nur wenig L-Carnitin enthält. Eine vegetarische oder vegane Kost liefert daher nur geringe Mengen L-Carnitin. L-Carnitin ist ein bedingt essenzieller Nährstoff für den Menschen und wird vom menschlichen Organismus auch in geringen Mengen selbst hergestellt. Gustavsen veröffentlichte 2000 die neueste und bisher umfangreichste Tabelle über den L-Carnitingehalt der Nahrung..

L-Carnitin-Gehalt in Lebensmitteln in mg/kg geordnet nach Produktgruppen (ⁱ)

Tierische Prod.	mg/kg	Pflanzliche Produkte	mg/k	Milchprodukte	mg/kg	Meeresfrüchte	mg/k
Fleischextrakt	36.86	Steinpilze getrocknet	388	Ziegenkäse	127	Hummer (Körper)	270
Ziegenkeule	2.210	Spitzmorcheln/getrock	208	Kondensmilch	97	Felsenaustern	243
Hirschkalbssste	1.930	Pfifferlinge getrocknet	126	Schafskäse	65	Langustenschwanz	154
Lammkeule	1.900	Austernpilze	50	Hüttenkäse	53	Hummer (Schere)	142
Känguruhsteak	1.660	Steinpilze frisch	28	Joghurt	41	Seelachsfilet	132
Rehkeule	1.640	Champignons	26	Milch	40	Heringe (gebraten)	124
Lammfilet	1.610	Pfifferlinge	13	Sahne	38	Seelachs (Alaska)	97
Elchbraten	1.600	Nudeln	7,0	Schafskäse/Rind	36	Heringe (Grün)	86
Hirsch	1.500	Mandeln	6,7	Milcheis	35	Riesengarnelen	74
Rinderbraten	1.430	Erdnüsse	5,8	Buttermilch	34	Aal (geräuchert)	65
Rinderhüftstea	1.350	Fenchel	5,3	Quark	30	Scholle	63
Strauß	1.280	Brokkoli	4,8	Briekäse	27	Schillerlocke	56
Rindsgulasch	1.270	Weizenbrot	4,1	Zaziki	27	Egli Filets*	55
Rentiersteak	1.210	Avokado	4,0	Creme Fraiche	26	Meerbrasse	50
Hasenkeule	1.200	Möhren	4,0	Molke	22	Hecht	40
Rinderbeinfleis	1.180	Blumenkohl	3,6	Gouda, alt	20	Seezunge	38
Pferdefleisch	1.170	Weizenbrötchen	3,5	Camembert	18	Hering (Filet)	37
Rehrücken	1.160	Papaya	3,5	Mozzarella	18	Kaviar	37
Ziegenrücken	1.120	Zucchini	3,4	Harzer Käse	17	Wildlachs	37
Kalbsschnitzel	1.050	Auberginen	3,0	Frischkäse	16	Thunfisch	34
Kalbsrücken	1.020	Paranüsse	3,0	Edamer	15	Schellfisch	33
Roastbeef	1.010	Reis	3,0	Gouda, jung	14	Makrele	32
Hase	860	Kirschen	2,6	Butter	11	Lachs	31
Rinderhackfleis	470	Haselnüsse	2,5	Hefe	11	Haifisch	30
Wildschweinrü	420	Walnüsse	2,5	Kochkäse	11	Krabben (Cocktail)	30
Bratwurst	386	Kartoffeln	2,3	Gorgonzola	10	Miesmuscheln	28
Corned Beef	320	Gurken	1,9	Butterkäse	8	Forelle	28
Cervelatwurst	300	Roggenbrot	1,8	Babybel	6	Seeteufel	24
Entenbrust	288	Mais	1,6	Margarine	0,5	Tintenfisch	21
Schweineschni	274	Pflaumen	1,6				

Schweinegulas	264	Erbsen	1,4
Schweinefleisc	244	Paprika	1,4
Kaninchenkeul	232	Pfirsich	1,4
Mettwurst	220	Bohnen	1,2
Taubenbrust	211	Tomaten	1,1
Lachsschinken	205	Bananen	1,0
Schweinefilet	190	Kiwi	0,8
Flugentenkeule	189	Blattsalat	0,6
Wiener Wurst	176	Bier	0,6
Weißwurst	170	Äpfel	0,5
Wachtelbrust	166	Birnen	0,3
Putenkeule/File	133	Orangen, Zitronen	0,1
Hinterschinken	121		
Bierschinken	120		
Kalbsleberwurs	92		
Mortadella	92		
Hähnchenkeul	80		
Hähnchenbrust	78		
Hänchenfilet	62		
Fasanenbrust	60		
Entenleber	43		
Schweineleber	36		
Fleischwurst	30		
Blutwurst	12		
Hühnereier	8		

L-Carnitin hat positiven Einfluss auf die koronare Herzerkrankung (1, 2): Studien belegen, dass L-Carnitin ein wichtiger Nährstoff für das menschliche Herz ist. Unter Belastungen und bei Herzerkrankungen kann es zu einer L-Carnitin - Unterversorgung des Myocards kommen. In solchen Fällen kann eine L-Carnitin - Supplementation mit der Nahrung sogar zu einer Reduktion von Symptomen und zu Besserung der Herzgesundheit kommen. Bei der koronaren Herzerkrankung, die mit dem chronischen Sauerstoffmangel des Myocards einhergeht, kommt es zu einer vermehrten Anhäufung von langkettigen Fettsäurecarnitinestern, die verschiedene enzymatische Reaktionen in den Mitochondrien hemmen. Zugeführtes L-Carnitin ist in der Lage, die Konzentration dieser Verbindungen abzusenken und somit das Mitochondrium zu „entgiften". Es ist dabei hervorzuheben, dass L-Carnitin als körpereigene Substanz keine Nebenwirkungen besitzt. L-Carnitin kann die Herzfunktion bei Ischämie verbessern, berichtete Professor Dr. Heinz Löster, Universität Leipzig, bei seinem Vortrag aus Anlass des von der Gesellschaft für Ernährungsmedizin und Diätetik am 28. März 2003 durchgeführten diaita-Kongresses. In seinen Studien an isolierten Langendorff-Herzen stellte der Wissenschaftler fest, dass die Gabe von L-Carnitin den linksventrikulären Druck des Herzens besser erhöht als eine Glucosezufuhr. Der linksventrikuläre Druck bezeichnet den Druck, den das Herz aufbaut, um Blut in die Aorta auszuwerfen und damit den Körper zu versorgen. Diese Verbesserung des Drucks ist darauf zurück zu führen, dass unter Carnitinzufuhr die Energieträger ATP und Kreatinphosphat schneller und in größerer Menge zur Verfügung gestellt werden, das Herz regeneriert sich besser. Als Folge der Ischämie können lebensbedrohliche Arrhythmien auftreten, deren Häufigkeit und Schwere L-Carnitin ebenfalls vermindern kann. Insgesamt trägt L-Carnitin dazu bei, die durch Ischämie bedingten Veränderungen im Herzen schnell zu beheben und den Ausgangszustand wieder herzustellen. Auch für das gesunde Herz hat Carnitin große Bedeutung: Das Herz deckt seinen Energiebedarf zu rund 60 Prozent aus Fettsäuren, und für deren Verwertung ist L-Carnitin nötig. Löster empfahl Patienten mit

Herzinsuffizienz die Einnahme von einem Gramm L-Carnitin täglich neben der sonstigen Medikation. Die körpereigene Substanz L-Carnitin vermindert die Schäden einer ischämischen Herzerkrankung, da es die schädigenden Acyl-CoA bindet, die Durchblutung fördert und Arrhythmien vermeidet. Bei einer Durchblutungsstörung der Herzkranzgefäße kommt es zur Ischämie im Herzgewebe. Fettsäuren, eine wichtige Energiequelle des Herzens, können dann nicht verwertet werden. Die für den Abbau aktivierten langkettigen Fettsäuren (Acyl-CoA-Ester) stauen sich und können den Enzymstoffwechsel der Herzmuskelzellen empfindlich stören. Carnitin greift hier schützend ein: Es bindet die Fettsäuren, die als Acylcarnitine die Zelle verlassen und mit dem Urin ausgeschieden werden können. Trotz des Sauerstoffmangels bleibt mit Hilfe von Carnitin die Herzfunktion länger erhalten. Eine ausreichende Carnitin-Versorgung kann zudem das Auftreten lebensbedrohlicher Herzrhythmusstörungen als Folge der Ischämie vermindern. Auch nach der Ischämie, wenn das Gewebe wieder ausreichend durchblutet ist, ist die Gefahr noch nicht vorbei. In dieser Phase entstehen reichlich freie Sauerstoffradikale, die das Herz weiter schädigen können. Carnitin kann aufgrund seiner antioxidativen Eigenschaften diese Radikale entgiften. Zudem verbessert es die Durchblutung der Herzkranzgefäße und ermöglicht insgesamt eine schnellere Wiederherstellung der Herzfunktion. Diese Ergebnisse zeigen deutlich, dass eine ausreichende Carnitin-Versorgung im Fall einer ischämischen Herzerkrankung lebensrettend sein kann. Ob Carnitin bei Patienten mit Herz-Kreislauf-Erkrankungen bereits präventiv gegeben werden sollte, ist noch ein Streitpunkt unter Wissenschaftlern. Sicher ist, dass im Fall der Ischämie dringend ausreichend Carnitin benötigt wird.

1) · Jackson G: Combination therapy in angina: a review of combined haemodynamic treatment and the role for combined haemodynamic and cardiac metabolic agents. International journal of clinical practice 2001; 55 (4): 256-61
2) Lango R; Smolenski RT; Narkiewicz M; Suchorzewska J; Lysiak-Szydlowska W: Influence of L-carnitine and its derivatives on myocardial metabolism and function in ischemic heart disease and during cardiopulmonary bypass. Cardiovascular research 2001; 51 (1): 21-9

Erhöhte Mengen L-Carnitin wurden bei verschiedenen Herzerkrankungen wie Ischämie[1+2] , Kardiomyopathie[3] und Infarkten zugeführt und wirkten sich positiv auf die Herzfunktion und die Herzgesundheit aus. Durch die Verbesserung des Energiestoffwechsels im Myokardgewebe benötigen Bypass-Patienten in der Regel nur die Hälfte herzstärkender Medikamente, wenn ihnen im Vorfeld der Operation L-Carnitin zugeführt wurde[4]. Als Transporteur (Carrier) von langkettigen Fettsäuren in die Mitochondrien ist L-Carnitin für den Fettstoffwechsel des Herzens von ausschlaggebender Bedeutung und somit bedeutsam für die Erhaltung der Kraftentwicklung und der Gesundheit des Herzens. L-Carnitinmangel durch Fettsäurestau in Mitochondrien: Bei Sauerstoffmangel im Herzmuskel (z.B. bei koronaren Herzerkrankungen) kann eine Blockade der Fettsäureoxidationen auftreten. Folge ist eine Anhäufung von Fettsäuren in den Mitochondrien. Der gleichzeitig auftretende Mangel an freiem L-Carnitin als Trägersubstanz für Fettsäuren erschwert deren Abbau zusätzlich. Ein Nebeneffekt eines solchen

---

[1] Cacciatore, L. et al., 1991: The therapeutic effect of L-Carnitine in patients with exercise-induced stable angina: a controlled study, Drugs Exp. Clin. Res. 17, 225-235

[2] Cherchi, A. di et al., 1985: Effects of L-carnitine on exercise tolerance in chronic stable angina: a multicenter, double-blind, randomized, placebo controlled crossover study, Int. J. Clin. Pharmacol. Ther. Toxicol. 23, 569-572

[3] Ino, T. et al.., 1988: Cardiac manifestations in disorders of fat and carnitine metabolism in infancy, J. Am. Coll. Cardiol. 11, 1301-1308

[4] Böhles,H., et al.., 1987: The effect of preoperative L-carnitine supplementation on myocardial metabolism during aorto-coronary bypass surgery, Z. Kariol. 76 (Suppl. 5) 14-18

Fettsäurestaus ist, dass die ATP-Translokase nicht mehr in der Lage ist, bereits gebildetes ATP als Energieträger aus den Mitochondrien zu transportieren. In den Mitochondrien staut sich dann das energiereiche ATP, während es an den Stellen, wo es als Energieträger gebraucht wird, fehlt. L-Carnitin als Motor des Fettstoffwechsels: Schon die Gabe von dreimal 1 Gramm L-Carnitin pro Tag kann dem Metabolismus auf physiologische Weise helfen, diesen verhängnisvollen Prozeß zu durchbrechen, indem die in den Mitochondrien angestauten Fettsäuren auf Carnitin umgeschichtet werden. Bisher blockiertes Coenzym A kann damit wieder freigesetzt und für energiespendende Zwecke zur Verfügung gestellt werden. Nach einer verstärkten Zufuhr von L-Carnitin im Vorfeld von Bypass-Operationen ließen sich beispielsweise deutlich erhöhte ATP-Konzentrationen im Herzmuskel nachweisen, die als Anzeichen für einen verbesserten Stoffwechselstatus gewertet werden können. Professor Dr. Hans-Josef Böhles, Universitätsklinik Frankfurt/Main, der sich seit Jahren mit L-Carnitin-Supplementationen bei Herzerkrankungen beschäftigt, ist der Ansicht, dass sich dieses Wirkungsprinzip auch bei ischämischen Herzkrankheiten (akuter Myocardinfarkt, koronare Herzerkrankungen) anwenden läßt: Je ausgeprägter die durch Sauerstoffmangel bedingte Stoffwechsellage, desto effektiver ist die L-Carnitin-Supplementation. Hält man sich vor Augen, dass L-Carnitin in anderen europäischen Staaten für diese Applikationen bereits verwendet wird, befremdet die Zurückhaltung deutscher Kardiologen gegenüber diesem körpereigenen Nährstoff.

Mit zunehmender Schwere einer Herzerkrankung nimmt der L-Carnitingehalt im Herzen immer weiter ab. Transplantierte Herzen enthalten häufig nur noch 30% des L-Carnitins eines gesunden Herzens. Menschen mit einer koronaren Herzerkrankungen haben einen stark erhöhten Bedarf an freiem L-Carnitin im Herzen, so daß eine erhöhte Zufuhr von außen helfen kann diesen Bedarf zu decken. Fleischreiche Ernährung allein kann einen erhöhten L-Carnitinbedarf aber nicht in ausreichendem Maße und sinnvoll decken. Wird das geschwächte Herz hingegen mit Hilfe der Anhebung der L-Carnitinkonzentration dabei unterstützt, sich den gestiegenen Anforderungen bei körperlicher Belastung anzupassen, wirkt sich das auch auf die praktische Durchführbarkeit einer Sport- oder Bewegungstherapie positiv aus. Schon geringfügige Verbesserungen im Energiestoffwechsel können sich für den KHK-Patienten in mehrfacher Hinsicht bemerkbar machen. Neben der Abnahme thorakaler Beschwerden (A.P.-Symptomatik) kann durch das erhöhte L-Carnitin-Angebot eine Verringerung der Luftnot und eine Erhöhung der Belastbarkeit erreicht werden. Herz- und Kreislauferkrankungen wie Herzinsuffizienz oder Bluthochdruck verlaufen oft schleichend über ein lange Zeit in der das Herz immer schwächer wird. Die Betroffenen könnten aber ihrem Herzen durch die Zufuhr des Nährstoffes L-Carnitin helfen, die Gesundheit des Herzens länger zu erhalten. Prof. Nieper in Hannover glaubt, daß durch die langjährige Supplementation von L-Carnitin, bis zu 70% aller Herztransplantation verhindert werden könnten. L-Carnitin kann keine konventionelle Herz-Therapie ersetzen, sondern stellt eine Möglichkeit dar, auf ernährungsphysiologische Weise die klassische Behandlung nebenwirkunsfrei zu ergänzen. Ein entscheidender Vorteil von L-Carnitin liegt darin, dass es absolut ungefährlich ist und bei jedem Schweregrad der Herzerkrankung eingenommen werden kann. Dieser wichtige Sicherheitsaspekt verdeutlicht, dass L-Carnitin ein Nährstoff ist, der im Gegensatz zu den klassischen Herz-Medikamenten keine Nebenwirkungen hat.

Ausreichende Versorgung mit L-Carnitin verbessert die Lebenschancen von HIV-Patienten! L-Carnitin vermindert bei HIV-Patienten das Absterben von immunkompetenten T-Lymphozyten und kann so möglicherweise den Ausbruch des HIV-Stadiums AIDS herauszögern. Die speziellen CD4- und CD8-T-Lymphozyten können die HI-Viren bekämpfen. Mediziner verabreichten elf asymptomatischen HIV-infizierten Personen täglich sechs Gramm L-Carnitin intravenös über vier Monate. Das Absterben der CD4- und CD8-Zellen verminderte sich deutlich, und die Zahl der entsprechenden Zellen im Blut stieg (7). Eine Infektion mit dem HI-Virus ist nicht mit dem Endstadium der HIV-Infektion, das als AIDS bezeichnet wird, gleichzusetzen. Der Virus kann jahrelang nicht ausbrechen, bei manchen Menschen tut er es nie. Der Grund dafür liegt offensichtlich bei den Immunzellen: die CD8-Zellen der Menschen, bei denen HIV nicht ausbricht, vermehren sich besonders stark. Diese Zellen hemmen die Virusvermehrung im Körper und können Eiweiße produzieren, die HIV-infizierte Zellen zerstören (5). Die Verminderung der T-Zellen ist eine typische Blutveränderung bei HIV. Die Zellen unterliegen der Apoptose, dem programmierten Zelltod. Die Verarmung an T-Zellen kann das Voranschreiten der Erkrankung zu AIDS fördern. Einiges weist darauf hin, dass L-Carnitin die Betroffenen in ihrem Kampf gegen den Virus unterstützen kann. Nicht nur L-Carnitin selbst, auch die acetylierte Form Acetyl-L-Carnitin (ALC), die im menschlichen Gehirn, der Leber und den Nieren durch das Enzym ALC-Transferase gebildet wird, scheint bei der HIV-Therapie hilfreich zu sein. Die tägliche Gabe von drei Gramm ALC über fünf Monate führte zu einer signifikanten Verminderung der Apoptoserate bei elf asymptomatischen, HIV-infizierten Personen (2). Gleichzeitig stieg der Blutspiegel an IGF-1 (Insulin-like growth factor), einem Protein, das die Zellen vor Apoptose schützt. Auch die Menge von Ceramiden, die an periphere mononukleäre Zellen des Blutes assoziiert sind, sank (1). Diese Ceramide vermitteln die Apoptose und ihre Menge korreliert mit der Zahl der apoptotischen Zellen. Doch Carnitin zeigt noch weitere positive Effekte: Es kann die Schmerzen der peripheren symmetrischen Neuropathie bei HIV (8) lindern. Eine HIV-Infektion kann aus verschiedenen Gründen zu einer Verarmung des Körpers an Carnitin führen: Die Infektion kann den Appetit und die Absorption verschiedener Nährstoffe beeinträchtigen, sowie gleichzeitig den Bedarf an Energie und speziellen Nährstoffen erhöhen. Daher kommt es häufig zu Unterversorgungen mit verschiedenen Mikronährstoffen, unter anderem mit L-Carnitin (3; 6). AIDS-Patienten verlieren im Endstadium rapide an Gewicht, was unter anderem die Lebensqualität verringert und das Immunsystem weiter schwächt. Die ernährungsmedizinisch hochwertigste Möglichkeit das HIV bedingte Untergewicht zu bekämpfen bieten hochkalorische Trinknahrungen aus der Apotheke, die alle notwendigen Nährstoffe, Vitamine und Mineralstoffe liefern. Zu bevorzugen ist sogenannte Immunonutrition (beispielsweise Oral Impact), die Arginin, Omega-3-Fettsäuren und RNS-Nukleotide enthalten. Zwar ist das Thema AIDS nur noch selten in den Medien vertreten, doch ist die Gefahr noch lange nicht gebannt. Weltweit sind 40 Millionen Menschen HIV-positiv. Am stärksten betroffen ist das südliche Afrika, doch auch in Westeuropa sind 550000 Menschen mit AIDS infiziert, in Deutschland 38000 (4).

1. Cifone MG; Alesse E; Di Marzio L et al.: Effect of L-carnitine treatment in vivo on apoptosis and ceramide generation in peripheral blood lymphocytes from AIDS patients. Proceedings of the Association of American Physicians 1997; 109 (2): 146-53
2. Di Marzio L; Moretti S; D'Alò S et al.: Acetyl-L-carnitine administration increases insulin-like growth factor 1 levels in asymptomatic HIV-1-infected subjects: correlation with its suppressive effect on lymphocyte apoptosis and ceramide generation. Clinical immunology : the official journal of the Clinical Immunology Society 1999; 92 (1): 103-10
3. Mannick EE; Udall JN; Kaiser M et al.: Nutrition and HIV infection in children. Indian journal of pediatrics 1996; 63 (5): 615-32
4. Marcus U: XIV. Internationale AIDS-Konferenz in Barcelona – Auf der Suche nach Commitment. Homepage des Robert-Koch-Instituts, http://www.rki.de/INFEKT/AIDS_STD/AKTUELL/DATA/BCNCONF.PDF
5. Migueles SA, Laborico AC, Shupert WL et al.: HIV-specific CD8+ T cell proliferation is coupled to perforin expression and is maintained in nonprogressors. Nature Immunology 2002; 3: 1061 – 1068
6. Mintz M: Carnitine in human immunodeficiency virus type 1 infection/acquired immune deficiency syndrome. Journal of child neurology 1995; 10 Suppl 2: S40-4

7. Moretti S; Alesse E; Di Marzio L et al.: Effect of L-carnitine on human immunodeficiency virus-1 infection-associated apoptosis: a pilot study. Blood 1998; 91 (10): 3817-24
8. Scarpini E; Sacilotto G; Baron P et al.: Effect of acetyl-L-carnitine in the treatment of painful peripheral neuropathies in HIV+ patients. Journal of the peripheral nervous system : JPNS 1997; 2 (3): 250-2

Die Gabe von L-Carnitin verlangsamt Alterungsprozesse im zentralen Nervensystem, verbessert das Gedächtnis und motorische Fähigkeiten (1, 2): Wahrscheinlich verbessert die Gabe von zwei bis drei Gramm L-Carnitin pro Tag die kognitiven Eigenschaften wie Lern- und Merkfähigkeit, Konzentration und Sprachfindung. Klinische Studien zeigen – vor allem bei Personen, die schon früh an Alzheimer erkranken – einen langsameren Verlauf der Erkrankung bei Gabe von L-Carnitin. Die Substanz scheint an der Reduzierung des oxidativen Stresses und ferner an der Verlangsamung des Alterungsprozesses der Zellen beteiligt zu sein. Gleichzeitig schützt es die Zellmembranen vor der oxidativen Schädigung durch Radikale und hält sie flexibel, in dem es dazu beiträgt, langkettige Fettsäuren und Phospholipide, an deren Synthese L-Carnitin beteiligt ist, verstärkt in die Zellmembranen einzulagern. L-Carnitin ist zwar kein Antioxidanz im klassischen Sinne, könnte aber zukünftig aufgrund der neuen Erkenntnisse als sekundäres Antioxidanz bezeichnet werden. Die Alzheimer-Erkrankung, die vor allem bei Frauen ab dem 40. Lebensjahr auftritt, geht mit einem fortschreitenden Verlust von Nervenzellen einher, bei dem biochemisch eine Störung des cholinergen Systems mit einer reduzierten Acetylcholinsynthese nachweisbar ist. Acetylcholin ist ein physiologischer Neurotransmitter im Gehirn. Ein Defizit dieses Überträgerstoffes erschwert die Signalübertragung zwischen Nervenzellen. Mit zunehmender zerebraler Schädigung nehmen die kognitiven Defizite zu. Die Störungen betreffen die Fähigkeit des Denkens und der Orientierung. Bislang gibt es keine Therapie, jedoch vielfältige Möglichkeiten, die Symptome und den Krankheitsverlauf zu beeinflussen. Die gegenwärtige herkömmliche Therapie basiert überwiegend auf der Hemmung des Enzyms Acetylcholinesterase, das für die Inaktivierung des Überträgerstoffs zuständig ist. Nach Einschätzung der Gesellschaft für Ernährungsmedizin und Diätetik kann auch die tägliche Gabe von zwei bis drei Gramm L-Carnitin sinnvoll sein.

1)   Pettegrew JW; Levine J; McClure RJ: Acetyl-L-carnitine physical-chemical, metabolic, and therapeutic properties: relevance for its mode of action in Alzheimer's disease and geriatric depression. Molecular psychiatry 2000; 5 (6): 616-32
2)   G. Bruno, S. Acaccionace, M. Bonamini, F.R. Patacchioli, F. Cesarino, P. Grassini, E. Sorrentino, L. Angelucci, and G. L. Lenzi: Acetyl-L-Carnitine in Alzheimer disease: A Short-Term Study on CSF Neurotransmitters and Neuropeptides, Alzheimer Disease and Associated Disorders, 1995, Vol 9, No 3, pp. 128-131

L-Carnitin im Rahmen der Adipositas-Therapie: Weniger Fett - mehr Muskelmasse durch L-Carnitin. Bei den meisten Reduktionsdiäten geht bisher aber mehr Muskelmasse statt Körperfett verloren. Dies kann durch L-Carnitin verhindert werden. L-Carnitin begünstigt den Muskelaufbau und hilft, über den Winter angesammelte Pfunde abzubauen. Eine Reihe von wissenschaftlichen Studien belegt, dass der Nährstoff L-Carnitin langfristig den Abbau des körpereigenen Fettes fördert und den Aufbau fettfreier Muskelmasse unterstützt. Fett wird von den meisten als Dickmacher Nummer 1 angesehen. Daß dies nicht stimmt wurde jetzt von Wissenschaftlern nachgewiesen. In Tierversuchen nahmen Tiere die eine kalorienreduzierte und fettfreie Diät bekamen praktisch kein Körperfett ab. Wurde der Diät aber ein moderater Anteil von 15 bis 25% Fett hinzu gegeben, verloren alle Tiere signifikant mehr Körperfett gegenüber der Placebo-Gruppe. Der Abbau des Körperfettes wurde in einer dritten Gruppe durch Zugabe von L-Carnitin noch verstärkt. Positiver Nebeneffekt: In dieser Gruppe nahm bei allen Tieren die fettfreie Muskelmasse signifikant zu. Mehr Muskeln brauchen mehr Energie und können letzendlich auch mehr Fett verbrennen. L-Carnitin kann so helfen einen Diäterfolg längerfristig zu sichern. Um Muskelaufbau und Fettabbau zu unterstützen, sollte bei der Ernährung zusätzlich auf ausreichende L-Carnitin Supplementierung von 1 bis 3 Gramm täglich geachtet werden. Bisherige Studien, die an sieben Tierspezies durchgeführt wurden (Schweine, Hühner, Hunde, Katzen, Fische, Pferde und Ratten), zeigten übereinstimmend, dass durch die Gabe von L-Carnitin der Körperfettanteil sinkt und die fettfreie Muskelmasse zunimmt (Gross, Jewell und Bradley[ii,iii,iv]). Die Wissenschaftler Ahmad, Spagnoli und Wohlers[v,vi,vii] wiesen muskelaufbauende beziehungsweise muskelerhaltende Wirkungen von L-Carnitin auch bei Menschen nach (Dialysepatienten und Krebspatienten). Der tägliche Bedarf an L-Carnitin liegt in Abhängigkeit von der körperlichen Belastung zwischen 200 und 1200 Milligramm[viii,ix].

Sportliche Aktivität und Reduktionsdiäten können zu Carnitin-Mangel führen - Mehr Ausdauer und bessere Fettverbrennung durch Carnitin: Carnitin kann die Wirksamkeit einer Reduktionskost und eines Sportprogramms zur Gewichtsreduktion wirksam unterstützen. Allein die Substitution von L-Carnitin lässt jedoch keine Fettpolster schwinden! Dennoch ist die Substitution von L-Carnitin zur Körperfettreduktion sinnvoll. Zu jeder Gewichtsreduktion, die dauerhaft sein soll, gehört eine Ernährungsumstellung und ein Bewegungsprogramm. Bei einer Reduktionskost ist die Kalorienzufuhr eingeschränkt, vor allem Carnitin-haltige Lebensmittel wie Fleisch stehen in der Regel seltener auf dem Speiseplan. Auch der Sport zehrt L-Carnitin auf. Ein effektives Gewichtsreduktionsprogramm führt daher zu absinkenden L-Carnitin-Spiegeln. Carnitin ist aber ein wichtiger Aktivator des Fettstoffwechsels. Bei einem Carnitin-Mangel kann trotz des Ausdauersports die Fettverbrennung nicht optimal in Gang kommen – der Körper muss dann auch auf Eiweiße, also Muskulatur als Energiequelle zurück greifen. Gerade dies ist aber eine gefürchtete Nebenwirkung jeder Diät, die zum Jo-Jo-Effekt führt. Eine Carnitin-Supplementation kann die Erhaltung der Muskulatur bewirken und ermöglicht gleichzeitig einen optimalen Abbau der Fettreserven. Die am längsten bekannte Funktion von L-Carnitin ist seine Rolle im Fettstoffwechsel. Es transportiert langkettige Fettsäuren an den Ort ihres Abbaus, die Mitochondrien. Bei Carnitin-Mangel sinkt die Energiegewinnung aus Fettsäuren. Daneben ist L-Carnitin an vielen weiteren biochemischen Prozessen im Organismus direkt oder indirekt beteiligt. L-Carnitin kommt praktisch in jeder menschlichen Körperzelle vor. Es ist in der Nahrung besonders in Fleisch, Fisch, Milch und Käse enthalten. Mit einer gemischten Kost nimmt ein erwachsener Mensch täglich zwischen 100 und 300 Milligramm L-Carnitin auf. Dabei schwankt die tägliche Aufnahme vor allem in Abhängigkeit von Art und Menge des konsumierten Fleisches. Ein weiterer Pluspunkt: Carnitin hemmt die Milchsäurebildung im Muskel und verbessert die Erholung der Muskeln nach dem Sport. Daher ist ein längeres Training möglich, die Ermüdung verzögert sich. Denn wer nach dem Sport „hundemüde" nach Hause kommt und am nächsten Tag mit Muskelkater zu kämpfen hat, kann sich nur schwer zu neuen Aktivitäten aufraffen. Eine Reihe von Studien belegen die Effektivität von L-Carnitin bei der Gewichtsabnahme:

· In einer Studie an Übergewichtigen hatte der Einsatz von Keksen mit einem hohen Ballaststoffgehalt, Chrom-Piccolinat und L-Carnitin im Rahmen einer fettreduzierten Kost erstaunliche Effekte: Die Probanden verloren Körpergewicht und Fettmasse, und es kam zu einer Senkung des Gesamt- und des LDL-Cholesterins. Die Menschen fühlten sich energiereicher, hatten weniger Hunger und auch weniger Heißhunger auf Süßigkeiten (1).
· Eine Studie mit 100 Übergewichtigen über drei Monate ergab, dass die Personen, die täglich drei Gramm L-Carnitin erhielten, durchschnittlich 25 Prozent mehr Gewicht verloren als die Probanden der

Placebogruppe. Zudem sanken die Werte für das Gesamt- und LDL-Cholesterin, Blutzucker und Blutdruck (2).
· 18 übergewichtige Personen nahmen an einem Programm mit Ernährungserziehung, Bewegungstraining und Kalorienrestriktion teil. Dabei nahmen Probanden mit einer täglichen Gabe von zwei Gramm L-Carnitin in der dreimonatigen Testphase durchschnittlich 4,6 Kilogramm mehr ab als die Personen der Kontrollgruppe (3).

1) Kaats GR, Wise JA, Blum K et al.: The short-term therapeutic efficacy of treating obesity with a plan of improved nutrition and moderate caloric restriction. Curr Ther Res 1992; 51: 261-274
2) Lurz R, Fischer R: Carnitin zur Unterstützung der Gewichtsabnahme bei Adipositas. Aerztez Naturheilv 1998; 39: 12-15
3) Sufeng Z, Zhichian H, Jianping L, Hui S: L-Carnitine's effect on comprehensive weight loss program in obese adolescents. Acta Nutr Sin 1997; 19: 146

Die These, dass L-Carnitin die Fettverbrennung steigert, konnte bislang nur bei Menschen mit L-Carnitin-Mangel und Neugeborenen nachgewiesen werden. Doch steigert L-Carnitin auch beim gesunden Menschen die Fettverbrennung. Wissenschaftlern der Universität Leipzig gelang der Nachweis: in einer Studie[5] zeigen sie, dass L-Carnitin die Verbrennung langkettiger Fettsäuen bei Gesunden um 37% erhöht. Über einen Zeitraum von 10 Tagen wurden die Probanden an der Universität Leipzig rund um die Uhr beobachtet. Die Testpersonen, zehn Männer und Frauen im Alter von 22 bis 56 Jahren, erhielten über den Tag verteilt je drei Mal 1g L-Carnitin bzw. ein Placebo. Im Rahmen einer standardisierten Ernährung nahmen sie über das Frühstück täglich ein Gramm Palmitinsäure zu sich. In regelmäßigen Abständen wurden Atemproben genommen. Innerhalb von 12 Stunden schied die Carnitingruppe 37% mehr CO_2 aus als die Placebogruppe. Die zum Frühstück konsumierte Fettsäure wurde also von der L-Carnitingruppe um 37% stärker verbrannt als in der Placebogruppe. Die Fettverbrennung im Körper stieg bei den Probanden mit L-Carnitin - im Gegensatz zur Placebo-Gruppe - signifikant an. Damit wurde erstmals durch eine wissenschaftliche Untersuchung am gesunden Menschen bewiesen, dass die orale Gabe von L-Carnitin die Verbrennung langkettiger Fettsäuren bei gesunden Menschen deutlich erhöht. Das Fett, welches wir täglich essen gelangt zunächst vom Körper in Form von Triglyceriden in das Blut. Dann entscheidet der Körper ob dieses Fett verbrannt oder eingelagert wird. Schon lange bekannt war, daß durch orale L-Carnitin-Gaben die Triglyceride im Blut gesenkt werden konnten. Jetzt wiesen die Wissenschaftler nach, dass diese Triglyceride auch verstärkt vom Körper verbrannt werden. Allerdings führt nur eine langfristige Einnahme von L-Carnitin und eine gleichzeitige sinnvolle Kalorienreduktion zu einem signifikanten Abbau von Körperfett. Der Abbau von körpereigenem Fett gelingt paradoxerweise am besten, wenn die Reduktionskost einen moderaten Anteil der Kalorien in Form von Fett enthält.

Während der Schwangerschaft besteht die Gefahr eines L-Carnitin-Mangels, der Mutter und Kind gefährden kann: In der Schwangerschaft können Frauen einen L-Carnitin-Mangel entwickeln, der die Gesundheit von Mutter und Kind gefährden kann. Im Laufe der Schwangerschaft sinkt der Plasma-Carnitinspiegel kontinuierlich ab, besonders drastisch während des ersten Drittels (1). Zudem ist der Bedarf der Schwangeren an L-Carnitin erhöht. Seit fast 100 Jahren ist L-Carnitin bekannt – doch erst 50 Jahre später entdeckten Forscher seine bedeutende Rolle bei der Fettverbrennung. Inzwischen fanden Wissenschaftler auch Hinweise auf wichtige Funktionen während der Schwangerschaft: L-Carnitin unterstützt die Lungenreifung beim Kind (2), kann zur Therapie der Plazentainsuffizienz eingesetzt

---

[5] Detlev Müller, Thomas Richter, Hermann Seim: „Effects of L-Carnitine supplementation on in vivo oxidation off –(C13)palmitic acid in healthy adults", University of Leipzig, Germany

werden (3) und so Fehlgeburten vorbeugen. Zudem scheint L-Carnitin das Risiko für die Entwicklung eines Gestationsdiabetes zu senken. Das Ungeborene erhält L-Carnitin über die Plazenta und ist daher auf die Versorgung der Mutter angewiesen. Für Frühgeborene ist L-Carnitin ein semi-essenzieller Stoff, da ihr noch unausgereifter Stoffwechsel es nicht selber herstellen kann. Muttermilch enthält zudem mit nur etwa einem Milligramm pro 100 Milliliter wenig L-Carnitin. Daher kann bei Frühgeborenen die Verwendung von Fettsäuren zur Energiegewinnung eingeschränkt sein und die wichtige Gewichtszunahme vermindern. Eine Carnitinsubstitution in der Schwangerschaft kann durchaus sinnvoll sein, insbesondere wenn vegetarische Ernährung und andere Risikofaktoren vorliegen. Der Mensch kann L-Carnitin auch aus den Aminosäuren Lysin und Methionin selbst herstellen. Mangelsituationen entstehen vor allem bei Defekten der Niere, in denen L-Carnitin in großen Mengen ausgeschieden wird, sowie bei der Hämodialyse. Daneben stellen Wachstumssituationen und Schwangerschaft mögliche Ursachen für einen erworbenen Carnitin-Mangel dar.

1): Schoderbeck et al.: Pregnancy-related changes of carnitine and acylcarnitine concentrations of plasma and erythrocytes. Journal of perinatal medicine 1995; VOL:23 (6); p.477-85
2): Salzer et al.: Alternativen zur Cortisontherapie. Erste klinische Erfahrungen mit einer Carnitin-Betamethason-Kombination zur Stimulation der fetalen Lungenreife. Wiener klinische Wochenschrift 1983; VOL:95 (20); p.724-8
3): Genger et al.: Carnitinspiegel während der Schwangerschaft. Carnitine levels in pregnancy. Zeitschrift für Geburtshilfe und Perinatologie 1988; VOL:192 (3); p.134-6

Die Rolle von L-Carnitin in der Sportmedizin: Eine Studie[6] zeigt, dass L-Carnitin die Erholungsphasen nach sportlichen Anstrengungen deutlich verkürzt und der Bildung von Muskelkater entgegenwirkt. Ungewohnte Belastungen der Muskeln ziehen eine unangenehme und schmerzhafte Begleiterscheinung nach sich – den sogenannten „Muskelkater". In der doppelblinden, randomisierten, placebokontrollierten, Crossover-Studie wurden 10 gesunde und sportlich aktive Männer in zwei Gruppen eingeteilt und erhielten im Vorfeld der Tests 3 Wochen lang täglich 2 g L-Carnitin oder ein Placebo. Nach dieser Vorlaufzeit stellten sich sämtliche Probanden einem Sportprogramm bestehend aus 5 Runden Zirkeltraining. Blutproben, die vor und nach dem Training entnommen wurden, zeigten klare Unterschiede zwischen den beiden Gruppen. Im Blut und im Urin wurden Parameter gemessen die einerseits als Maßstab für eine Schädigung der Muskulatur gelten (Creatin Kinase, Myoblobin = Muskelproteine die einen Abbau der Muskulatur anzeigen) sowie Parameter die ein Maß für den oxidativen Stress der Muskultur darstellen (Hyphoxanthin, Xanthin-Oxidase, Malondialdehyd). Bei Probanden, die L-Carnitin einnahmen, waren die Vorkommen an Harnsäure, Serum Myoglobin und Kreatin Kinase im Blut deutlich geringer als bei der Placebo-Gruppe. Statt ATP (Adenosintriphosphat) abzubauen, griff der Körper bei den L-Carnitin-Testpersonen verstärkt auf Fett (Triglyceride) zurück. Die Schäden am Muskelgewebe und damit verbundene Schmerzen (Muskelkater) waren mit L-Carnitin signifikant niedriger. Darüber hinaus wurde eine geringere Konzentration freier Radikaler im Blut nachgewiesen. Bereits 1996 wies eine Gruppe von Forschern um Gamberardino[7] nach, daß L-Carnitin auch untrainierte, gesunde Menschen vor Muskelkater schützt. Mit der Studie von Krämer konnte nun wissenschaftlich nachgewiesen werden, dass die Gabe von L-Carnitin bei sportlich trainierten wie bei untrainierten Menschen das Auftreten von Schmerzen und den Kreatin Kinase–Spiegel im Blut deutlich verringert.

[6] W.J.Krämer, J.S.Volek, etc.: „The effects of L-Carnitine supplementation on exercise stress responses in recovery", Ball State University, Muncie, Ind./USA
[7] M.A. Gamberardino, etc.:"Effects of prolonged L-Carnitine administration on delayed muscle pain and CK release after eccentric effort". University of Chieti/Padova, Italy

Die Muskeln sind dank L-Carnitin belastbarer, und die Muskelschmerzen werden reduziert, erkennbar an einer höheren Schmerzgrenze.

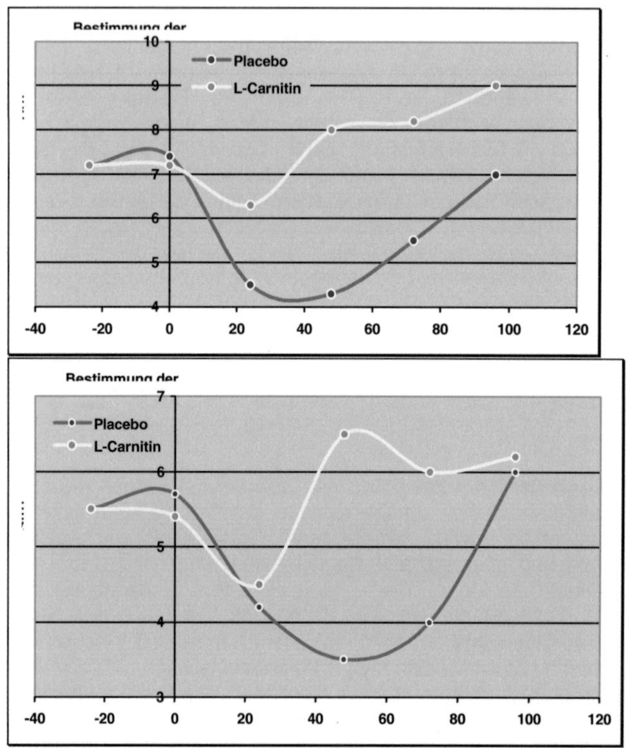

L-Carnitin-Verzehr führt zu einer physiologischen Leistungssteigerung !

Es existieren zahlreiche Studien, die eine konkrete Steigerung des Stoffwechsels, der Herzleistung und eine messbare Verbesserung der sportlichen Leistungsfähigkeit und der Regeneration durch L-Carnitin nachweisen. In 53 von 60 durchgeführten Studien wurde eine Verbesserung von mindestens einem gemessenen Parameter durch die Gabe von L-Carnitin beobachtet. Die neuste Studie zur Leistungssteigerung durch L-Carnitin wurde an der Universität Basel am Institut von Professor Dr. P. Walter durchgeführt (Maggini und Walter 2000)[8] durchgeführt. Dort konnte gezeigt werden, daß bei 6 trainierten und bei 6 untrainierten Radfahrern die messbare Maximalleistung um durchschnittlich 11% bis 19% in drei aufeinanderfolgenden Tests gesteigert werden konnte. Die Leistungssteigerung durch L-Carnitin ist eine Art „Trainigseffekt von innen" und bewegt sich in einer physiologischen Größenordnung. Diese Art der Leistungsbeeinflussung ist daher kein Doping sondern ein im Rahmen der Sporternährung willkommener Nebeneffekt.

---

[8] Maggini S., Bänzinger K.R., Walter P. "L-Carnitine supplementation results in improved recovery after strenous exercise" Ann Nutr. Metab, 44 75-96, (2000)

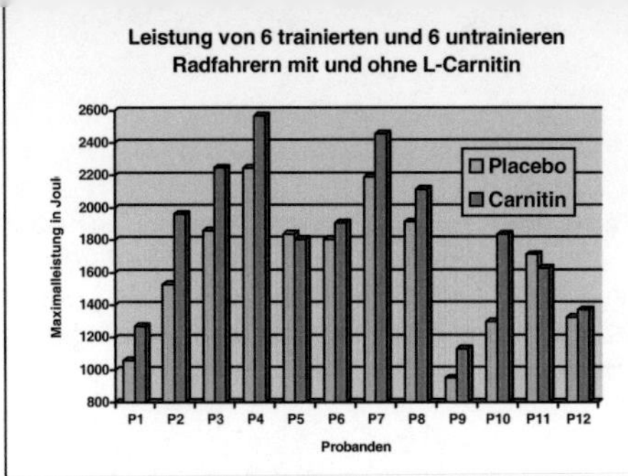

Aber nicht nur die Leistung von Sportlern kann durch L-Carnitin positiv beeinflußt werden. Auch bei Menschen, die unter KHK leiden, bei Hämodialysepatienten, bei Menschen mit Durchblutungsstörungen und bei Postpoliopatienten[9,10,11] bewirkte L-Carnitin eine messbare Steigerung der körperliche Leistungsfähigkeit. Daneben erleichtert L-Carnitin die Sauerstoffaufnahme bei körperlicher Beanspruchung. Eine ausreichende Versorgung mit L-Carnitin gewährleistet, dass die Muskulatur und das Herz-Kreislaufsystem nicht so schnell ermüden. Das Immunsystem wird ebenfalls gestärkt, die Abwehrzellen sind aktiver und angriffslustiger. Der tägliche Bedarf an L-Carnitin liegt in Abhängigkeit von der körperlichen Belastung zwischen 200 und 1200 Milligramm[x,xi].

Zusammenfassung: Der natürliche Stoff L-Carnitin transportiert langkettige Fettsäuren vom Cytosol ins Innere der Mitochondrien, wo sie verbrannt werden. Es ist somit Schlüsselsubstanz für die Energiegewinnung aus Fetten. Doch die Fähigkeiten von L-Carnitin gehen weit über die eines „Fatburners" hinaus. L-Carnitin ist an vielen biochemischen Prozessen im Organismus beteiligt. Es dient der Entgiftung von Acyl-CoA-Derivaten, die bei Störungen des Stoffwechsels von organischen Säuren und Fettsäuren anfallen. In konzentrierter Form zugeführt hat L-Carnitin gezeigt, dass es in Schwangerschaft und Stillzeit Mutter und Kind vor Erkrankungen bewahren kann, sich bei Herzerkrankungen günstig auf das Herz auswirkt, die Insulinsensitivität verbessert, die Regeneration der Muskulatur nach Belastung fördert und oxidativen Stress reduziert. Der menschliche Körper kann L-Carnitin aus den Aminosäuren L-Lysin und L-Methionin selbst herstellen. Täglich produziert der Organismus etwa 16 Milligramm L-Carnitin. Gemischtköstler nehmen zusätzlich mit der Nahrung durchschnittlich 100 bis 300 Milligramm Carnitin pro Tag auf. L-Carnitin ist vor allem in Muskelfleisch zu finden. Dieser Tatsache verdankt Carnitin auch seinen Namen (lat. carne = Fleisch). Auch Milch und Milchprodukte enthalten größere Mengen Carnitin; Obst, Gemüse und Nüsse sind dagegen carnitinarm. Daher nehmen Vegetarier deutlich weniger L-Carnitin mit der Nahrung auf. Eine Supplementation von 1 bis 3 Gramm L-Carnitin ist sinnvoll in Phasen eines erhöhten Carnitin-Bedarfs oder eines Carnitin-Mangels, wie er zum Beispiel bei Dialysepatienten und sekundär in der Schwangerschaft auftreten kann. Auch bei Ausdauersport und vegetarischer Ernährung finden sich deutlich erniedrigte L-Carnitin-Spiegel im Blut, die eine Carnitin-Supplementation nötig machen können. Veganer leiden oftmals an Carnitin-Mangel. Praktisch jede Zelle des menschlichen Körpers enthält L-Carnitin. Die in Muskulatur, Leber und Nieren gespeicherte L-Carnitin-Menge wird auf 16 bis 20 Gramm geschätzt. Beim Kochen wird L-Carnitin

---

[9] Frösch P, „Erfolgreiche Carnitinbehandlung bei Polimyelitis", Ärztewoche 11.5.1994

[10] Lehmann Th., „Poliomyelitis Spätfolgen Klinik und Behandlungsmöglichkeiten", Therapiewoche Schweiz 9(7), 421-424, (1993) und „Poliomyelitis-Spätfolgen werden oft unterschätzt" Niedersächsisches Ärzteblatt 67(5) 14-16 (1994)

[11] Polio e.V. Zum Stichwort Medikamente, 4. Mitteilungsblatt 7-8 1993

erst bei hohen Temperaturen über 100°C langsam zers tört. Da es jedoch sehr gut wasserlöslich ist, geht es durch Auskochen der Nahrung verloren. Carnitin kann in zwei chemisch unterschiedlichen Formen vorliegen, der L- und der D-Form. Nur die L-Form kommt in der Natur vor und übt die positiven Wirkungen aus. D-Carnitin dagegen ist gesundheitsschädlich.

Literatur:

i Gustavsen HSM, Bestimmung des L-Carnitin - Gehaltes in rohen und zubereiteten pflanzlichen und tierischen Lebensmitteln, Inaugural Dissertation zur Erlangung des Doktorgrades, Physiologisches Institut der tierärztlichen Hochschule Hannover, Bischofsholer Damm 15/102, 30173 Hannover unter der Leitung von Prof. Harmeyer (2000)

ii Gross KL, Wedenkind KJ, Kirk CA, Effect of dietary L-Carnitine and chromiumpicolinate on weight loss and composition of obese dogs. J.Animal Sci 76 (suppl 1), 175 (1998)

iii Jewell DE, Toll PW, The effect of carnitine supplementation on body composition of obese-prone cats, Adapted from „obesity": Weight management in Cats and Dogs" Hill's Pet Nutr 1998

iv Ji H, Bradley TM, Tremblay GC Atlantic salmon fed L-Carnitine exhibit altered intermedioary metabolism and reduced tissue lipid but no change in growth rate J Nutr 126 (8) 1937-1950 (1996)

v Ahmad S et. Al. Multicenter trial of L-Carnitine in maintainance hemodialysis patients II. Clinical and biochemical effects. Kidney Int, 38, 912-918, (1990)

vi Spagnoli LG et. Al., Morphometric evidence of the trophic effect of L-Carnitine on human skeletal muscle, Nepphron 55, 16-23 (1990)

vii Wohlers M, Legenstein E, Kuzmits R, Lechner S, Dobianer K, Lohninger A, carnitine substitution in cancer patients receiving chemotherapy, In „Carnitine – Pathochemical basics and clinical applikations" Eds. Seim H, Löster H, Ponte Press Bochum, Page 265-66 (1996)

viii Blumenthal H, Borzelleca JF, Filer LJ: Gutachten zur ‚GRAS Affirmation' für die amerikanische Gesundheitsbehörde FDA. 1993.

ix Böhles HJ: Gutachterliche Stellungnahme betreffend den Nährstoff L-Carnitin. Ulm, Gesellschaft für Ernährungsforschung, 1994.
x Blumenthal H, Borzelleca JF, Filer LJ: Gutachten zur ‚GRAS Affirmation' für die amerikanische Gesundheitsbehörde FDA. 1993.

xi Böhles HJ: Gutachterliche Stellungnahme betreffend den Nährstoff L-Carnitin. Ulm, Gesellschaft für Ernährungsforschung, 1994.

Autor: Sven-David Müller, M.Sc., staatlich anerkannter Diätassistent, Diabetesberater DDG, Wendenschloßstraße 439, 12557 Berlin, www.svendavidmueller.de